BEI GRIN MACHT SICH IHR WISSEN BEZAHLT

- Wir veröffentlichen Ihre Hausarbeit, Bachelor- und Masterarbeit

- Ihr eigenes eBook und Buch - weltweit in allen wichtigen Shops

- Verdienen Sie an jedem Verkauf

Jetzt bei www.GRIN.com hochladen und kostenlos publizieren

Bibliografische Information der Deutschen Nationalbibliothek:

Die Deutsche Bibliothek verzeichnet diese Publikation in der Deutschen National-
bibliografie; detaillierte bibliografische Daten sind im Internet über http://dnb.d-
nb.de/ abrufbar.

Impressum:

Copyright © 2018 GRIN Verlag
Druck und Bindung: Books on Demand GmbH, Norderstedt Germany
ISBN: 9783668773851

Dieses Buch bei GRIN:

https://www.grin.com/document/437047

S. D.

Einbau eines interaktiven Whiteboards in den Mathematikunterricht

GRIN Verlag

Seminararbeit im Studiengang
Master Lehramt HRGe

Aufbaumodul Mathematikdidaktik
Masterseminar Fachdidaktik

Thema:
Interaktive Whiteboards

Universität Duisburg-Essen
Wintersemester 2017/18

Abgabedatum

Inhaltsverzeichnis

1. Einleitung

In den folgenden Zeilen wird es um die Interaktiven Whiteboards gehen. Das Interaktive Whiteboard zählt zu den neuen digitalen Medien. Ziel dieser Arbeit ist es herauszubekommen, ob sich die Integration der Interaktiven Whiteboards in den Mathematikunterricht lohnt. Zuerst wird eine Definition des Interaktiven Whiteboards und anschließender Auflistung der Funktionen erfolgen. Anschließend wird der didaktische Aspekt beim Einsatz von Interaktiven Whiteboards betrachtet. Der Einsatz von Interaktiven Whiteboards ist an bestimmte Voraussetzungen geknüpft, die sowohl organisatorische wie technische Fragen betreffen. Bevor die Schulen sich dazu entschließen Interaktive Whiteboards zu beschaffen, müssen Aspekte wie zum Beispiel technische und räumliche Gegebenheiten, Zugang zum Interaktiven Whiteboard und die Aus- und Fortbildung der Lehrenden gewährleistet sein. Ein großer Bereich dieser Arbeit behandelt die Vorteile der Interaktiven Whiteboards. Dazu zählen die zahlreichen Darstellungsmöglichkeiten oder die Vorteile bei der Unterrichtsvorbereitung. Da das Interaktive Whiteboard ebenfalls Kritikpunkte besitzt, werden die Hauptkritikpunkte verdeutlicht. Dazu gehören die technischen Kritikpunkte, die hohen Anschaffungs-, Betriebs- und Folgekosten und die pädagogischen Gefahren. Eine Untersuchung in der Praxis wird anhand von mehreren Studien gewährleistet. Es wird unter anderem eine Studie von Smart Technologies begutachtet, die mehrere verschiedene Kontinente verglichen hat. Des Weiteren hat die ICT-Impact Studie des European Schoolnet 17 Studien im Bereich der Informations- und Kommunikationstechnologien analysiert. Zum Abschluss dieser Arbeit werden drei Beispielaufgaben am Interaktiven Whiteboard durchgeführt und die Vorteile durch das Interaktiven Whiteboard verdeutlicht.

2. Definition und Funktion

„Ein interaktives Whiteboard ist eine Weißwandtafel, die mit einem Präsentationsbeamer, zumeist oberhalb des IWB[1] befestigt, sowie einem PC mit Internetzugang verbunden ist. Die Bildsignale des PC werden über den Beamer auf das Whiteboard projiziert und vermitteln so den Eindruck eines realen Tafelbilds. Das Whiteboard kann, je nach zugrunde liegender Technik, mit speziellen Stiften oder dem Finger beschrieben werden. Das IWB fungiert gewissermaßen als Eingabegerät mit Handschrifterkennung für PC und als Ausgabegerät für virtuelle Tafelbilder zugleich. Diese können als Datei abgespeichert und so später erneut aufgerufen, verändert und Lernenden wie Lehrenden

---

[1] In den folgenden Zeilen dient „IWB" als Abkürzung für „Interaktives Whiteboard"

zugänglich gemacht werden. Auch die Eingabe über eine Bildschirmtastatur oder Tastatur des PC ist möglich."[2] Der Unterschied zu einer Beamer-PC Version ist, dass das Whiteboard interaktiv ist. Die Lehrenden und Lernenden können per Hand oder Stift Objekte verändern und auch verschieben. Sie können direkt auf der Projektionsfläche eine Website aufrufen, aus diesen Begriffe und Bilder herauskopieren oder einen Filmausschnitt stoppen.[3] Die Interaktiven Whiteboard´s sind für die Einstiegs- und Sicherungsphasen vorteilhaft. Es kann ebenfalls als Station in arbeitsteiligem Gruppenunterricht oder für die gemeinsame Erarbeitung genutzt werden.[4]

3. Didaktische Aspekte beim Einsatz von IWBS

Der Einsatz von IWBs ist an bestimmte Grundvoraussetzungen geknüpft, die sowohl organisatorischen wie technischen Fragen betreffen. Bevor die Schulen sich dazu entschließen IWBs zu beschaffen, müssen Aspekte wie technische und räumliche Gegebenheiten, Abstimmung auf die Schülerinnen und Schüler, Zugang zum IWB, Wartung und Support und die Aus- und Fortbildung der Lehrenden gewährleistet sein.

Eine wichtige Voraussetzung für eine optimale Nutzung von IWBs ist „eine funktionierende IT-Infrastruktur an der Schule. Der Raum sollte über einen Internetanschluss und einen fest installierten Beamer verfügen. Dieser ist am Board integriert oder an der Decke anzubringen, da sonst der Schattenwurf und das blendende Licht des Beamers stören. Die Grundkonfiguration sollte für den Unterrichtseinsatz so konzipiert sein, dass alle Einzelteile untereinander angeschlossen sind, sonst ist der Aufwand zur Herstellung der Betriebsbereitschaft zu groß. Der dabei verwendete Schulcomputer sollte sowohl an das hauseigene Netzwerk als auch an das Internet angeschlossen sein."[5]

Die Abstimmung auf die Schülerinnen und Schüler ist ebenfalls wichtig. Das Board muss so angebracht werden, dass jedes Kind eine klare und unverdeckte Sicht auf das Board hat. Außerdem müssen die Schülerinnen und Schüler das Board leicht erreichen und benutzen können.

Maßgeblich für die erfolgreiche Nutzung ist ein offener Zugang zum IWB für die Lehrkräfte. Die Schule muss Voraussetzungen stellen, damit alle Lehrkräfte die IWBs zur Vorbereitung einer Unterrichtsstunde nutzen können. Damit ein technisches Problem, welches hausintern nicht zu

---

[2] Bernsen, Kerber, 2017, S. 395
[3] Bernsen, Kerber, 2017, S. 396
[4] Bernsen, Kerber, 2017, S. 397
[5] Eder et al., 2008, S. 19

beheben ist, den Unterricht nicht behindert, muss ein externer funktionierender Support bereitgestellt werden.

Der bedeutendste Punkt ist die Aus- und Fortbildung der Lehrenden. Die Lehrerinnen und Lehrer müssen in der Lage sein die Technik zu nutzen und den Inhalt zu gestalten. Mit der Hilfe der Fortbildung muss ein Bewusstsein dafür entwickelt werden, in welcher Phase des Unterrichts der Einsatz des Boards zweckmäßig ist. [6]

Die didaktischen Vorteile, die durch die Einbindung der IWBs in den Unterricht entstehen sind folgende:

➜ „Unterrichtseinheiten können in Form von digitalen Tafelbildern vorbereitet, gespeichert und von Einzelnen oder der ganzen Lerngruppe weiter bearbeitet werden.

➜ Softwareanwendungen lassen sich vor der gesamten Klasse visualisieren.

➜ Lehrende, Schülerinnen und Schüler können ihren Präsentationen durch Lebendigkeit der Präsentation und Möglichkeiten zur Interaktion ein höheres Augenmerk verleihen.

➜ Eingebundene Webseiten können innerhalb der Gruppe diskutiert werden.

➜ Bilder, Sounddateien, Filme oder andere multimediale Materialien lassen sich ins Tafelbild integrieren, wodurch unterschiedliche Lerntypen angesprochen werden.

➜ Handschriftliche Notizen und Ergänzungen können digital aufgezeichnet werden.

➜ Tafelbilder können ausgedruckt, in Dateiformate wie PowerPoint oder PDF exportiert oder als Internetseiten verfügbar gemacht werden."[7]

4. Allgemeine Vorteile des Interaktiven Whiteboards

Der Einsatz der Interaktiven Whiteboards steigert die Unterrichtsqualität. Als Beispiel kann man die verschiedenen Hintergründe nehmen, die sich abhängig von der Unterrichtsstunde ändern lassen. Während bei der klassischen Tafel, bei der die Linien und Karos immer im gleichen und standardisierten Abstand zueinander sind, können am Interaktiven Whiteboard die Zeilen- und Rechenpapierhintergründe den Anforderungen entsprechend ausgewählt werden. Wenn die Lehrkraft eine Kombination aus Tafelanschrift und Bildern haben möchte, kann es dazu führen, dass die begrenzte Tafelfläche für die Schüler in den letzten Reihen nicht ganz sichtbar ist. Beim Interaktiven

---

[6] vgl. Eder et al., 2008, S. 20-21
[7] Eder et al., 2008, S. 23-24

Whiteboard hingegen hat die Lehrkraft die Möglichkeit bestimmte Stellen auf dem Tafelbild hervorzuheben oder zu vergrößern und Zeilen- und Karohintergründe so zu verändern, dass alle Schülerinnen und Schüler sie sehen können. Texte und Zahlen können ebenfalls so verändert werden, dass sie von den Schülerinnen und Schülern perfekt sichtbar sind. Mit einem Klick kann das Schriftbild, der Textstil und auch die Schriftgröße verändert werden.[8] Auf den Mathematikunterricht bezogen sind die Fertigkeiten gerade in der Geometrie von Vorteil. Das Zeichnen auf dem Interaktiven Whiteboard ist um ein vielfaches leichter als auf der herkömmlichen Kreidetafel. Die Lehrkraft kann bestimmte Strecken oder Geraden nach Belieben verändern, sodass die Schülerinnen und Schüler eine Hilfestellung erhalten. Das erleichterte Zeichnen auf dem Interaktiven Whiteboard kann ebenfalls als Motivation für die Schülerinnen und Schüler dienen. Diese können sich dann eher trauen geometrische Figuren vor der Klasse zu konstruieren. Die einzelnen Konstruktionsschritte können immer wieder vor- und zurückgespult werden. Die Schülerinnen und Schüler haben die Möglichkeit, jeden einzelnen Schritt immer wieder zu sehen und zu verstehen.

„Insgesamt lassen sich zahlreiche optimale Darstellungsmöglichkeiten am interaktiven Whiteboard durch den Einsatz verschiedenster Gerätschaften und digitaler Medien bewerkstelligen. Diese wären z.B.:

- dynamische Tafelbilder
- Bildmaterial allgemein
- Kartenmaterial
- Text und Grafiken
- Animation
- Filme
- Schülerarbeiten
- Arbeitsblätter
- Buchseiten, Gegenstände und Hefte über Dokumentenkameras
- Kleinstobjekte über einfache Elektromikroskope
- Versuche über Video in Großaufnahme
- Text- und Bildmaterial über Scanner
- Momentaufnahmen und Bildern mithilfe der Digitalkamera"[9]

---

[8] Schlieszeit, 2011, S. 31
[9] Schlieszeit, 2011, S. 32

Das Interaktive Whiteboard dient als Aktivierung möglichst vieler Sinneskanäle. Diese werden durch die Vermittlung von Lerninhalten durch gute Aufarbeitung und Darstellung gewährleistet. Die multimedialen Elemente sollten jedoch nicht über den Verhältnissen eingesetzt werden, da es sonst zu einer Überladung des Unterrichts führen kann.

Ein sehr großer Vorteil der Interaktiven Whiteboards ist, dass die Lehrkraft die Möglichkeit besitzt, die Tafelbilder vorab schon vorzubereiten. Diese kann er dann mit einem USB-Stick oder von einem zentralen Server im Unterricht aufrufen und nutzen. Die Lehrerinnen und Lehrer können sich somit die Medien, die sie nutzen wollen, die Bilder, die sie verwenden wollen, die Internetseiten, die sie aufrufen wollen und die Art der Ergebnissicherung, zuhause schon so weit vorbereiten, dass im Unterricht selber mehr Zeit zum Lehren bleibt. Ein weiterer Gewinn für die Schülerinnen und Schüler ist, dass sie sich die bereits in vergangenen Unterrichtsstunden erarbeiteten Tafelbilder, in der Wiederholungsstunde vor einer Klassenarbeit zum Beispiel anschauen können. „Für die Schüler/innen ist das eine sehr große Hilfe, denn dabei wird ihr visuelles Gedächtnis aktiviert, und jeder einzelne Schüler kann sich ganz genau an diese Stunde und die Erarbeitungen erinnern, wenn er das Originaltafelbild und die entsprechenden Begleitmedien noch einmal betrachten und erarbeitete Inhalte wiederholen kann."[10]

Mit dem Bezug auf die Vorteile der Unterrichtsvorbereitung kann man folgende Punkte hervorheben:

- „ortsunabhängige Vorbereitung und Erstellung von Lerninhalten
- Speicherung und Dokumentation von Unterrichtsinhalten
- Bereitstellen und ständiges Adaptieren fertiger Unterrichtsinhalte
- Speicherung von Notizen jeder Art
- Festhalten von Schülerbeiträgen
- rascher Datenaustausch möglich, flexibel einsetzbar (z.B. mit USB-Stick)
- Bereitstellung von gemeinsamen Unterrichtsmaterialien auf einem zentralen Rechner an der Schule oder im Schulverband
- Nutzung der bereits vorhandenen Unterrichtsmaterialien (herkömmliche Arbeitsblätter lassen sich zu interaktiven Tafelbildern umgestalten)
- rasche Änderung der Texte und Objekte in beliebiger Farbe und Größe
- Direkte Beschriftung und Speicherung von Karten- und Bildmaterial
- Ausdruck und Speicherung fertiger Tafelbilder und Schülerarbeiten

---

[10] Schlieszeit, 2011, S. 33

- Weiterbearbeitung und Wiederholung von Unterrichtsinhalten und Aufrufen bereits gespeicherter Unterrichtsergebnisse zu einem späteren Zeitpunkt"[11]

5. Kritik an dem Interaktiven Whiteboard

Ein technischer Kritikpunkt ist, dass die Betriebssystemsoftware unterschiedlicher Whiteboardhersteller keine oder nur beschränkte Kompatibilität aufweist. Ein weiterer Punkt ist, dass das 4:3 Format und die starre Position die Boards in ihrer maximalen Arbeitsfläche beschränken. Die größten Boards haben im Durchschnitt eine Diagonale von 77 Zoll, welches im Vergleich zu der herkömmlichen Kreidetafel relativ gering ist. Aufgrund der Beamerprojektion können Blendungen und Schattenwürfe durch die am Board agierende Person entstehen. Damit dies nicht geschieht muss eine Deckenmontage des Beamers erfolgen, oder der Beamer muss direkt am Board mit einer speziellen Aufhängung angebracht werden. Bei einer Sonneneinstrahlung muss der Raum eventuell abgedunkelt werden, damit die Lesbarkeit nicht eingeschränkt wird.[12]

Die Schulen müssen bei einer Anschaffung von IWBs mit hohen Anschaffungs-, Betriebs- und Folgekosten rechnen. Dazu gehören Ausgaben für defekte Beamerlampen, großer Wartungsaufwand und das Risiko der Beschädigung durch die Schüler.[13] . Die Kosten umfassen nicht nur die hohen Anschaffungskosten, sondern auch die Kosten für Schulungen, elektrischen Strom, Lizenzgebühren für die IWB-Software sowie die Material- und Personalkosten für die Wartung.[14]

Aus der pädagogischen Sicht besteht die Gefahr der Abhängigkeit, wenn man den Unterricht auf ein einzelnes Gerät oder Medium ausrichtet. Durch die IWBs findet ein Frontalunterricht statt, unabhängig davon, ob ein Lehrender oder Lernender daran tätig ist. Durch die geringere schriftliche Arbeit der Schülerinnen und Schüler, fehlt es den schwächeren Lernenden und auch den Lerngruppen an Übung.[15]

Ein weiteres Problem ist der zeitliche Aufwand. Dazu zählt neben der Erlangung der technischen Funktionsweise, die Aneignung von didaktischen Konzepten für den eigenen Fachunterricht. Die Tatsache, dass nicht viele fachspezifische Fortbildungsangebote vorhanden sind erschwert die Arbeit an den Whiteboards. Wenn kein funktionierendes kollegiales Unterstützungssystem in der Schule vorhanden ist, kann eine defekte Beamerbirne schnell den Unterricht mit IWB für Wochen und

---

[11] Schlieszeit, 2011, S. 33-34
[12] vgl. Eder et al., 2008, S. 35
[13] vgl. Eder et al., 2008, S. 36
[14] Bernsen, Kerber, 2017, S. 399-400
[15] vgl. Eder et al., 2008, S. 36

Monate verhindern. Das letzte Problem ist der begrenzte Mehrwert gegenüber Alternativen. Wenn die genannten Probleme ins Verhältnis zum inhaltlichen und methodischen Ertrag für den Unterricht gesetzt werden, wirkt der didaktische Mehrwert über die beschriebene Medienintegration hinaus begrenzt. Viele der IWB-spezifischen Funktionalitäten können im Kontext weiterführender Schulbildung eher als „Spielerei" ohne didaktische Funktionalität eingeordnet werden.[16]

6. Studien zum Einsatz Interaktiver Whiteboards

Der Mehrwert, bei der Verwendung von Interaktiven Whiteboards, ist eine der interessanten Fragen. Dieser Mehrwert muss die Kritikpunkte so weit überschatten, dass die Schulen nicht drum rum kommen sich Interaktive Whiteboards anzuschaffen.

Es existieren mehrere Studien zum Einsatz von Interaktiven Whiteboards.

Eine Studie von Smart Technologies hat Untersuchungen aus verschiedenen Kontinenten verglichen.

Die ICT-Impact Studie des European Schoolnet hat 17 Studien im Bereich der Informations- und Kommunikationstechnologien analysiert

Es kristallisiert sich heraus, dass die Lehrer mit Interaktiven Whiteboards weniger Zeit für die Vorbereitung einer Lektion verwenden müssen. Voraussetzung dafür ist, dass die Lehrkraft eine Fortbildung gemacht hat und in der Technik geschult und trainiert ist. Die Führung der Interaktiven Whiteboards durch ungeschulte Hände kann keine positiven Auswirkungen zur Folge haben. Die Steigerung der Aufmerksamkeit seitens der Schülerinnen und Schüler ist ein weiterer positiver Effekt. Trotz der unterschiedlichen Lernstile ermöglichen die Interaktiven Whiteboards den individuellen Lernbedarf von Schülerinnen und Schülern besser abzudecken.[17]

Eine Studie von Smart Technologies hat Untersuchungen aus verschiedenen Kontinenten verglichen.

Die ICT-Impact Studie des European Schoolnet hat 17 Studien im Bereich der Informations- und Kommunikationstechnologien analysiert.

Es wurden europäische Studien zwischen 2002 und 2006 betrachtet. Die Analyse begab, dass der Einsatz von Interaktiven Whiteboards einen positiven Einfluss auf Testergebnisse und Lernerfolge hat. Die digitalen Inhalte, die mit der Hilfe des Interaktiven Whiteboards vermittelt wurden, hatten einen positiven Einfluss auf die Motivation, Aufmerksamkeit und die Schülerbeteiligung im Unterricht.[18]

---

[16] Bernsen, Kerber, 2017, S. 399-400
[17] vgl. Aufenanger, 2016, S. 105, vgl. dazu auch SMART, Technologies Inc., 2009
[18] vgl. Aufenanger, 2016, S. 105, vgl. dazu auch The European Schoolnet, 2006

Eine Studie aus Österreich bestätigt die Ergebnisse. Laut der Studie erfordert die Arbeit mit dem Interaktiven Whiteboard einen gewissen Grad an Medienkompetenz. Diese kann jedoch nach einer kurzen Einarbeitungszeit erworben werden. Auch in dieser Studie ist die Voraussetzung, dass die Lehrkraft sich mit dem Medium auseinandersetzen und die Unterrichtsvorbereitung anpassen muss. Es wurde festgestellt, dass Interaktive Whiteboards die Motivation gleichermaßen bei Lehrenden und Lernenden steigert. Die Stimmung im Kollegium wurde nach der Einführung von Interaktiven Whiteboards als äußerst positiv beschrieben. Der zeitliche Aufwand, sich mit dem neuen Medium auseinanderzusetzen, wurde immer geringer. Die Lehrkräfte arbeiten nach der Einführung intensiver zusammen und Unterstützen sich gegenseitig durch ihre persönlichen Erfahrungen und mit ihren Unterlagen. Ein weiterer Vorteil der genannt wird ist, dass die Lehrkräfte ein breites Spektrum an methodischen Mitteln besitzen und ihrer Kreativität freien Lauf lassen können. [19]

Die britischen Studien zeigen, dass die Lehrenden und Lernenden die Interaktiven Whiteboards als benutzerfreundlich wahrnehmen. Die befragten Personen schätzen die Interaktiven Whiteboards als Erleichterung des Lernens und Unterrichtens ein. Die simple Integration von multimedialen Elementen in den Unterricht kommt nach Ansicht der Lehrkräfte den unterschiedlichen Lernstilen entgegen. Der Unterricht wird erleichtert, da komplexe Zusammenhänge durch das Interaktive Whiteboard besser demonstriert werden können. Ein weiterer genannter Vorteil ist, dass die Tafelbilder gespeichert werden kann und dass man mit Kollegen Daten austauschen kann. Die eingesparte Zeit kommt dem Unterricht und den Lernenden zugute. [20]

7. Unterrichtsbeispiele für die Sekundarstufe I

In den folgenden Zeilen wird gezeigt, wie das Interaktive Whiteboard in der Stochastik, Geometrie und Funktionen nützlich seien kann.

7.1. Beispielaufgabe 1

Die erste Beispielaufgabe hat den Schwerpunkt Geometrie. Das Thema ist „rechtwinklige Dreiecke – Satz des Thales". Diese Aufgabe ist gut für die Klassen 7-8 geeignet.

---

[19] vgl. Aufenanger, 2016, S. 105, vgl. dazu auch Lehner, 2009
[20] vgl. Aufenanger, 2016, S. 105, vgl. dazu auch Higgins et al., 2007; Moss/Jewitt, 2010; Moss et al., 2007; Schuck/Kearney, 2007

Diese Aufgabe gehört zu der Kategorie Erkunden.

Bei dieser Aufgabe wird die Think-Pair-Share Methode genutzt.

Die Schülerinnen und Schüler erhalten ein Arbeitsblatt (siehe Anhang). In Aufgabe 1 soll mit Hilfe der Konstruktionsbeschreibung die Konstruktion durchführen werden, um den Satz des Thales zu zeigen. Der Satz des Thales besagt, dass alle Innenwinkel am Kreisbogen einen rechten Winkel besitzen. Zu diesem Zeitpunkt wissen die Schülerinnen und Schüler jedoch noch nicht, was der Satz des Thales besagt. Es kann sein, dass die Schülerinnen und Schüler keinen ganzen Kreis um M ziehen, sondern nur einen Halbkreis oberhalb oder unterhalb der Strecke $\overline{AB}$. In diesem Fall kann in einer offenen Diskussion besprochen werden, ob es falsch ist, wenn man nur einen Halbkreis zeichnet. Den Schülerinnen und Schülern sollte im Anschluss klar werden, dass es nicht falsch ist, wenn man einen Halbkreis zeichnet. Vollständigkeitshalber sollten die Schülerinnen und Schüler, die nur einen Halbkreis gezeichnet haben, noch die andere Hälfte des Kreises zeichnen.

In Aufgabe 2 sollen die Innenwinkel gemessen und notiert werden.

In Aufgabe 3 sollen die erlangen Ergebnisse schließlich mit dem Tischnachbar verglichen und Auffälligkeiten mit dem Tischnachbar diskutiert werden. Im besten Fall fällt auf, dass der Winkel γ bei beiden Schülern 90° beträgt, obwohl der Eckpunkt C an einem unterschiedlichen Punkt auf dem Kreisbogen ist.

In der Share Phase können die Vorteile des interaktiven Whiteboards schließlich genutzt werden.

Vorteile durch das Interaktive Whiteboard

In dieser Phase kann sich die Lehrkraft einschalten und das vorbereitete Tafelbild mit einem einfachen Klick öffnen. Die vorbereitete Konstruktion auf dem Interaktiven Whiteboard, kann mit der Hilfe der Mathematik – Software GeoGebra durchgeführt werden. Hilfsmittel wie Zirkel oder Lineal sind somit digital verfügbar. Die Konstruktion kann mit den digitalen Hilfsmitteln präziser, ordentlicher und übersichtlicher gezeichnet werden, als mit den herkömmlichen Mitteln. Ein weiterer Vorteil ist, dass die ganze Konstruktion animiert werden kann. Die Winkel können durchgehend angezeigt werden. Eckpunkt C kann frei auf dem Kreisbogen verschoben werden und die Schülerinnen und Schüler sehen, dass der Winkel γ immer 90° bleibt. Außerdem kann die Größe und Position der Konstruktion und des Tafelbildes frei verändert werden. Des Weiteren besitzt das Interaktive Whiteboard eine Speicherfähigkeit. Es ist möglich jeden Schritt der Bearbeitung zu zeigen und die Schritte jederzeit wieder vor und zurück zu spulen. Die Schülerinnen und Schüler, die den Schritten nicht folgen konnten, haben somit die Möglichkeit die Schritte öfter zu sehen. Die Lehrkraft hat mit wenig Aufwand die Chance, dass alle Schülerinnen und Schüler dem Unterricht folgen können, ohne dass zu viel Zeit investiert wird.

Das abschließende Tafelbild würde wie folgt aussehen.

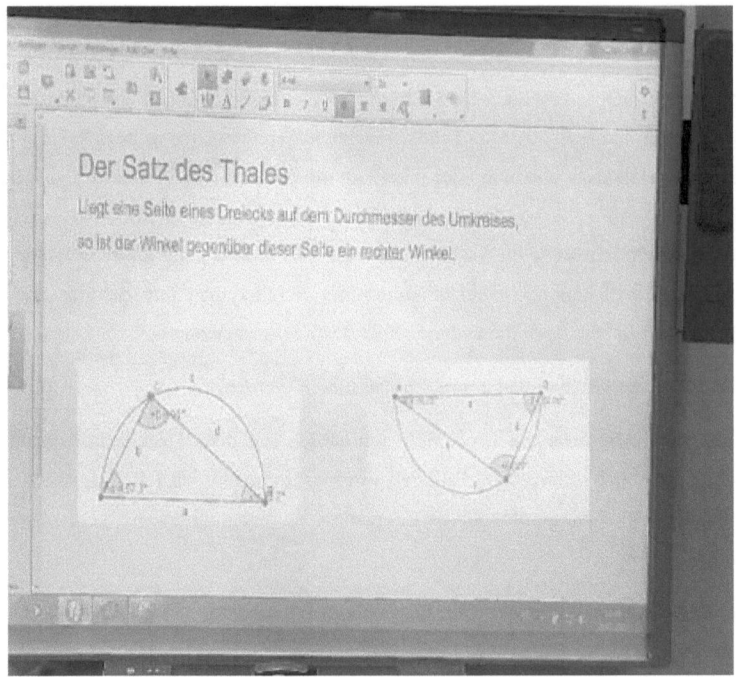

7.2. Beispielaufgabe 2

Die zweite Beispielaufgabe hat den Schwerpunkt Funktionen. Das Thema lautet „quadratische Funktionen". Diese Aufgabe ist gut für die Klassen 9-10 geeignet. Diese Aufgabe gehört zu der Kategorie Ordnen und Systematisieren.

Die Schülerinnen und Schüler erhalten ein Arbeitsblatt (siehe Anhang). Auf dem Arbeitsblatt sind sechs verschiedene Funktionsgraphen in verschiedenen Farben abgebildet. Außerdem sind acht verschiedene Funktionsgleichungen notiert. Sechs von den acht Funktionsgleichungen gehören zu den Funktionsgraphen. Die Graphen wurden so konstruiert, dass jede Verschiebung beachtet wird. Die zwei Gleichungen, die nicht zu den Graphen gehören, dienen als Störfaktoren. Laut Aufgabenstellung sollen die Schülerinnen und Schüler die verschiedenen Funktionsgleichungen den passenden Funktionsgraphen zuordnen.

Es gibt zwei verschiedene Methoden, wie diese Aufgabe bearbeitet werden kann.

Die erste Variante besteht darin, dass die Schülerinnen und Schüler sich die Funktionsgleichung anschauen und die besonderen Eigenschaften analysieren. Zum Beispiel kann aus der Funktionsgleichung $y_2 = x^2 - 2$ abgelesen werden, dass die Normalparabel um 2 Einheiten entlang der y-Achse nach unten verschoben wurde. Da der Graph nicht auf der x-Achse verschoben wurde, erkennen die Schülerinnen und Schüler, dass nur der rote Funktionsgraph mit dem Scheitelpunkt (0/-2) zu dieser Funktionsgleichung passt. Bei der Funktionsgleichung $y_5 = (x + 3)^2 + 4$ kann abgelesen werden, dass die Normalparabel um 3 Einheiten entlang der x-Achse nach links und um 4 Einheiten entlang der y-Achse nach oben verschoben wurde. Zu dieser Gleichung passt der schwarze Graph mit dem Scheitelpunkt (-3/4). Die anderen Funktionsgleichungen können analog analysiert und zugeordnet werden. Am Ende bleiben die Funktionsgleichungen $y_3 = (x + 5)^2$ und $y_6 = (x - 4)^2 - 1$ übrig. Diese beiden Funktionsgleichungen haben keinen passenden Funktionsgraphen und können somit durchgestrichen werden.

Die zweite Variante diese Aufgabe zu lösen besteht darin, dass die Schülerinnen und Schüler sich den Funktionsgraphen anschauen und die besonderen Eigenschaften analysieren. Zum Beispiel wird bei der Betrachtung des lilanen Funktionsgraphen erkannt, dass es sich um eine verschobene Normalparabel handelt. Der Graph ist um 5 Einheiten nach rechts verschoben. Der Scheitelpunkt hat somit die Koordinaten (5/0). Wenn die Schülerinnen und Schüler sich nun die möglichen Funktionsgraphen anschauen, erfüllt ausschließlich $y_7 = (x - 5)^2$ die analysierten Kriterien. Ein weiteres Beispiel ist der türkisene Funktionsgraph. Der Funktionsgraph ist weder gestreckt noch gestaucht. Also wurde die Normalparabel nur verschoben. Die Schülerinnen und Schüler erkennen, dass der Graph um 4 Einheiten nach links und eine Einheit nach unten verschoben wurde. Der Scheitelpunkt hat somit die Koordinaten (4/-1). Wenn die Schülerinnen und Schüler sich nun die möglichen Funktionsgraphen anschauen erfüllt nur $y_8 = (x + 4)^2 - 1$ die analysierten Kriterien. Die anderen Funktionsgraphen können analog analysiert und den Funktionsgraphen zugeordnet werden. Am Ende bleiben die Funktionsgleichungen $y_3 = (x + 5)^2$ und $y_6 = (x - 4)^2 - 1$ übrig. Es sind keine Funktionsgraphen übrig geblieben, die zu den beiden Funktionsgleichungen passen könnten und können somit durchgestrichen werden.

Vorteile durch das Interaktive Whiteboard

Das vorbereitete Tafelbild ist in diesem Fall das Arbeitsblatt, welches die Schülerinnen und Schüler erhalten haben. Auch in diesem Fall kann die Lehrkraft die Mathematik – Software GeoGebra nutzen, um die verschiedenen Funktionsgraphen zu zeichnen. Die Schülerinnen und Schüler erlangen durch das Interaktive Whiteboard eine bessere Übersicht. Verbindungslinien sind nicht notwendig, da die Größe und Position der quadratischen Funktionsgleichungen veränderbar sind. So ist es möglich den Vorgang der Zuordnung zu animieren und somit die Funktionsgleichung zum Funktionsgraphen zu ziehen.

Das abschließende Tafelbild würde wie folgt aussehen.

Ordne den Graphen die passende Gleichung zu.

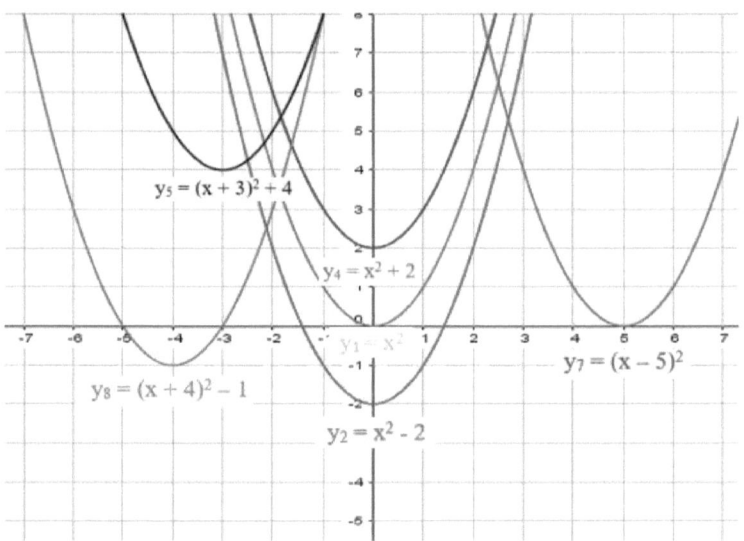

7.3. Beispielaufgabe 3

Die dritte Beispielaufgabe hat den Schwerpunkt Stochastik. Das Thema lautet „zweistufiges Zufallsexperiment ohne zurücklegen". Diese Aufgabe ist gut für die Klassen 9-10 geeignet. Diese Aufgabe gehört zu der Kategorie Produktives Üben.

Die Schülerinnen und Schüler erhalten ein Arbeitsblatt (siehe Anhang) mit einer Textaufgabe und einer Fragestellung:

„In einer Urne befinden sich 10 Kugeln. 3 Kugeln sind blau, 3 Kugeln rot und 4 Kugeln grün.

    a)   Wie hoch ist die Wahrscheinlichkeit zwei rote Kugeln zu ziehen, ohne die gezogene Kugel zurück zu legen?"

Die Schülerinnen und Schüler können diese Aufgabe auf verschiedene Weisen lösen.

Eine Variante ist, dass die Schülerinnen und Schüler mit dem Baumdiagramm arbeiten. Im ersten Zug haben die Schülerinnen und Schüler die Möglichkeit eine blaue, eine grüne und eine rote Kugel zu ziehen. Es entsteht für jedes Ergebnis ein Ast. Die Wahrscheinlichkeit eine blaue Kugel zu ziehen beträgt $\frac{3}{10}$, eine rote Kugel zu ziehen $\frac{3}{10}$ und eine grüne Kugel zu ziehen $\frac{4}{10}$. Da insgesamt zwei rote Kugeln gezogen werden sollen, wird nur der Ast dessen Ergebnis die rote Kugel ist betrachtet. Nachdem im ersten Zug die gezogene rote Kugel nicht wieder zurückgelegt wird, verändern sich die Wahrscheinlichkeiten für den zweiten Zug. Im zweiten Zug beträgt die Wahrscheinlichkeit eine blaue Kugel zu ziehen $\frac{3}{9}$, eine rote Kugel zu ziehen $\frac{2}{9}$ und eine grüne Kugel zu ziehen $\frac{4}{9}$. Um nun die Wahrscheinlichkeit für das Ereignis, dass zwei rote Kugeln gezogen werden, ohne dass die erste gezogene wieder zurückgelegt wird herauszukriegen, müssen die Schülerinnen und Schüler die Pfadregel nutzen. Die Wahrscheinlichkeit zwei rote Kugeln zu ziehen, ohne die gezogene Kugel zurück zu legen beträgt $\frac{3}{10} \cdot \frac{2}{9} = \frac{1}{15} \approx 6{,}67\%$.

Die Schülerinnen und Schüler können auch eine andere Möglichkeit nutzen um die Fragestellung zu beantworten. Dafür kann wieder ein Baumdiagramm angefertigt werden. Der Beginn der zweiten Variante ist analog mit der ersten Variante. Im ersten Zug haben die Schülerinnen und Schüler die Möglichkeit eine blaue, eine grüne und eine rote Kugel zu ziehen. Es entsteht für jedes Ereignis ein Ast. Die Wahrscheinlichkeit eine blaue Kugel zu ziehen beträgt $\frac{3}{10}$, eine rote Kugel zu ziehen $\frac{3}{10}$ und eine grüne Kugel zu ziehen $\frac{4}{10}$. Nun muss aber nicht zwangsläufig nur der Ast betrachtet werden, dessen Ergebnis die rote Kugel ist. Die Schülerinnen und Schüler können ebenfalls alle Wahrscheinlichkeiten zusammenrechnen, dessen Ereignis nicht zu dem geforderten Ereignis passt. Wenn nun alle Ereignisse, die nicht zu „zwei rote Kugeln hintereinander" passt addiert wird, kommen die Schülerinnen und Schüler auf 93,33%. Die Wahrscheinlichkeit kann schließlich von den 100% subtrahiert werden, um auf 6,67% zu gelangen. Diese 6,67% ist die Wahrscheinlichkeit, dass zwei rote Kugeln gezogen werden, ohne die gezogene Kugel wieder zu legen.

Im Anschluss kann im Plenum diskutiert werden, welche Variante die effektivere ist und was die Vor- und Nachteile der beiden Varianten sind. Ein Nachteil der zweiten Variante wäre, dass der zeitliche Aufwand im Vergleich zu der ersten Variante ein Vielfaches ist.

Vorteile durch das Interaktive Whiteboard

Das Tafelbild kann vorbereitet werden. Das Arbeitsblatt kann an dem Interaktiven Whiteboard bearbeitet werden. Ein sprachsensibler Unterricht kann gefördert werden, indem zu Beispiel mit einem Textmarker die wichtigsten Aussagen aus dem Text farblich herauskristalisiert werden. Schülerinnen und Schüler, die Schwierigkeiten haben die wichtigsten Aussagen heraus zu bekommen, haben so die Möglichkeit eine Unterstützung zu erhalten. Die Zufallsgeräte sind digital verfügbar. In dieser Aufgabe kann der Vorgang des Ziehens einer Kugel animiert und visualisiert werden. Schülerinnen und Schüler, die Schwierigkeiten mit der Vorstellung des Zufallsexperiments haben, können den Vorgang an dem Interaktiven Whiteboard betrachten. Die einzelnen Schritte können ebenfalls immer wieder vor- und zurückgespult werden. Durch das Interaktive Whiteboard ist das Tafelbild viel übersichtlicher. Die Größe und die Position des Baumdiagramms und der Kugeln sind zu jederzeit veränderbar. Der interessante Pfad kann vergrößert oder auch farblich markiert werden.

Das abschließende Tafelbild zu dem Baumdiagramm würde wie folgt aussehen.

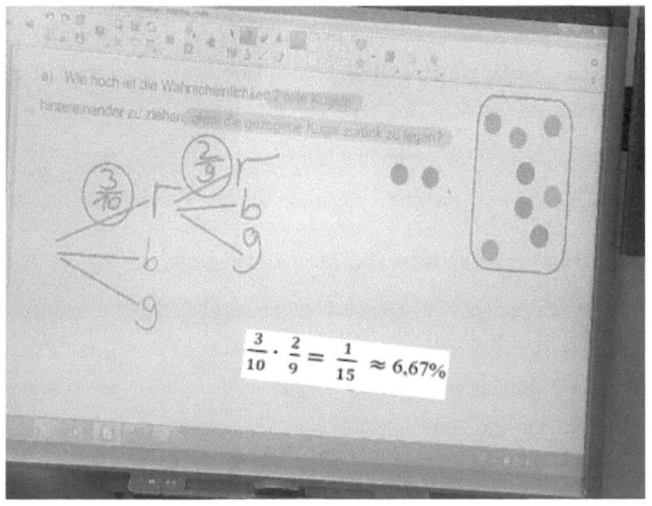

8. Fazit

Wie diese Ausarbeitung gezeigt hat, verbessert das Interaktive Whiteboard die Unterrichtsqualität. Der zeitliche Aufwand im Unterricht wird im Vergleich zu anderen Medien minimal. Der Unterrichtsablauf wird vereinfacht. Durch das Interaktive Whiteboard hat die Lehrkraft immer alles Parat. Die Gefahr irgendwelche Unterrichtsmaterialien zu vergessen besteht nicht, da alles digital verfügbar ist.

Mit Bezug auf die Unterrichtspraxis bietet das interaktive Whiteboard folgende Vorteile:

- „Höhere Motivation und mehr Teilnahme der Schüler
- Bedienung unterschiedlicher Lerntypen und Lernstile
- Nachvollziehbarkeit von Unterrichtsinhalten und mehr Transparenz
- Bessere Möglichkeiten, komplexere Inhalte strukturiert zu zeigen und zu veranschaulichen
- Konzentration auf Schüler und Inhalte durch zentral gesteuertes Medium
- Arbeiten mit vorbereiteten Ressourcen, die immer wieder ergänzt und verbessert werden können."[21]

Die durchgeführten Beispielaufgaben zeigen ebenfalls, wie viele Vorteile die Lehrkräfte durch die Interaktiven Whiteboard erlangen. Diese Vorteile überschatten die genannten Kritikpunkte so weit, dass die Schulen nicht drum herum kommen sich Interaktive Whiteboards anzuschaffen. Die angegebenen Studien zeigen, dass die Lernenden und Lehrenden sehr zufrieden mit dem Einsatz der Interaktiven Whiteboards sind.

Eine große Voraussetzung ist aber, dass die Lehrerinnen und Lehrer sich mit diesem Medium auseinander setzen und im Umgang mit dem Interaktiven Whiteboard sicher sind.

---

[21] Schlieszeit, 2011, S. 33

9. Literaturverzeichnis

AUFENANGER, S.: Interaktive Whiteboards. Technische Grundlagen, Potential und Beispiele für den Deutschunterricht der Primarstufe. In: Knopf, Julia/Abraham, Ulf (Hrsg.): Deutsch digital. Schneider, Verlag, Hohengehren 2016.

BERNSEN, D./KERBER, U.: Praxishandbuch Historisches Lernen und Medienbildung im digitalen Zeitalter. Budrich, Opladen, Berlin & Toronto 2017.

EDER, J./PFANN, C./REITER, A./SPERKER, L./VALLANT, M.: activboard@school. StudienVerlag, Innsbruck 2008.

GUTENBERG, U./ISER, T./MACHATE, C.: Interaktive Whiteboards im Unterricht. Das Praxishandbuch. Westermann Schroedel Diesterweg Schöningh Winklers GmbH, Braunschweig 2010.

HIGGINGS, S./BEAUCHAMP, G./MILLER, D.: Reviewing the literature on Interactive Whiteboards. In: Leaming, Media and Technology 32, 2007.

Ministerium für Schule, Kinder und Jugend: Kernlehrplan für die Gesamtschule – Sekundarstufe I in NRW. Mathematik, 1. Auflage, Ritterbach Verlag 2004.

MOSS, G./JEWITT, C./LEVAAIC, R./ARMSTRONG, V./CARDINI, A./CASTLE, F..: The Interactive Whiteboard. Pedagogy and Pupil Performance Evaluation: An Evaluation of the Schools Whiteboard Expansion (SWE) Project: London Challenge. London University 2007.

SCHLIESZEIT, J.: Mit Whiteboards unterrichten. Das neue Medium sinnvoll nutzen. Beltz, Weinheim und Basel 2011.

SCHUCK, S./KEARNEY, M.: Exploring pedagogy with interactive whiteboards. Sidney:University of Technology 2007.

SMART, Technologies Inc.: Reducing stress in the classroom. How interactive whiteboards and solution-based integration improve teacher quality of life. Whitepaper 2009.

The European Schoolnet: The ICT Impact Report. A review of studies of ICT impact on schools in Europe. Brüssel: The European Schoolnet 2006.

Beispielaufgabe 1

Wir entdecken den Satz des Thales

Aufgabe 1

Führe die folgende Konstruktion in deinem Heft aus.

- ➤ Zeichne eine Strecke $\overline{AB}$

- ➤ Konstruiere eine Mittelsenkrechte zu der Strecke $\overline{AB}$

  Nenne den Schnittpunkt der Strecke $\overline{AB}$ mit der Mittelsenkrechten Punkt M
- ➤ Ziehe einen Kreis um M mit dem Radius $\overline{AM}$

- ➤ Wähle einen beliebigen Punkt auf dem Kreis und nenne diesen C

- ➤ Verbinde den Punkt C mit den Punkten A und B.

  Es entsteht das Dreieck ABC.

Aufgabe 2

Messe nun die Innenwinkel α, β, γ des Dreiecks ABC und notiere die Innenwinkel.

Aufgabe 3

Vergleiche deine Ergebnisse mit deinem Tischnachbarn.

Was fällt euch auf?

Beispielaufgabe 2

Ordne den Graphen die passende Gleichung zu.

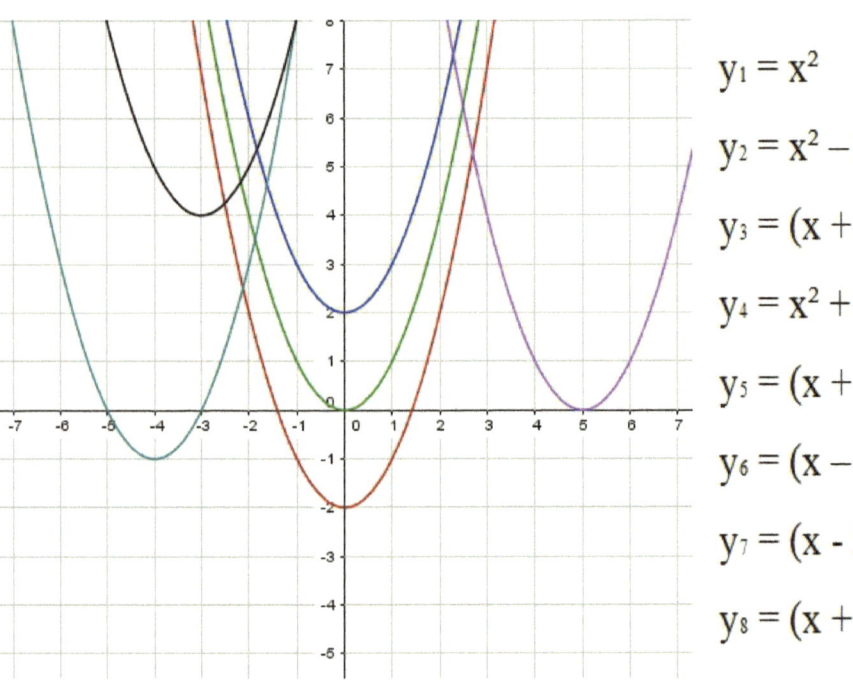

$y_1 = x^2$

$y_2 = x^2 - 2$

$y_3 = (x + 5)^2$

$y_4 = x^2 + 2$

$y_5 = (x + 3)^2 + 4$

$y_6 = (x - 4)^2 - 1$

$y_7 = (x - 5)^2$

$y_8 = (x + 4)^2 - 1$

In einer Urne befinden sich 10 Kugeln.

3 Kugeln sind blau, 3 Kugeln rot und 4 Kugeln grün.

a) Wie hoch ist die Wahrscheinlichkeit 2 rote Kugeln hintereinander zu ziehen, ohne die gezogene Kugel zurück zu legen?

b) Wie hoch ist die Wahrscheinlichkeit eine rote und eine grüne Kugel zu ziehen, ohne die gezogene Kugel zurück zu legen?